全国技工院校 3D 打印技术应用专业（中 / 高级技能层级）

3D 打印技术概论习题册

王继武　主　编

U0899904

中国劳动社会保障出版社

简介

本习题册为全国技工院校 3D 打印技术应用专业教材（中 / 高级技能层级）《3D 打印技术概论》的配套用书。本习题册按照教材章节顺序编写，内容紧扣教学要求，知识点分布均衡，题型丰富多样，习题难易适中，有助于学生复习巩固所学知识。

本习题册由王继武任主编，张凤国任副主编，陈津红、李雯、田喆参与编写。

图书在版编目（CIP）数据

3D打印技术概论习题册 / 王继武主编. -- 北京：中国劳动社会保障出版社，2020
全国技工院校3D打印技术应用专业. 中/高级技能层级
ISBN 978-7-5167-4786-5

Ⅰ. ①3… Ⅱ. ①王… Ⅲ. ①立体印刷-印刷术-技工学校-习题集 Ⅳ. ①TS853-44

中国版本图书馆 CIP 数据核字（2020）第 214522 号

中国劳动社会保障出版社出版发行

（北京市惠新东街 1 号 邮政编码：100029）

*

三河市潮河印业有限公司印刷装订 新华书店经销

787 毫米 ×1092 毫米 16 开本 5.5 印张 110 千字

2020 年 12 月第 1 版 2025 年 9 月第 7 次印刷

定价：12.00 元

营销中心电话：400-606-6496

出版社网址：http://www.class.com.cn

http://jg.class.com.cn

版权专有 侵权必究

如有印装差错，请与本社联系调换：（010） 81211666

我社将与版权执法机关配合，大力打击盗印、销售和使用盗版图书活动，敬请广大读者协助举报，经查实将给予举报者奖励。

举报电话：（010） 64954652

目录

CONTENTS

第五章　3D 打印的应用

第六章　3D 打印的未来发展

第一章　认识 3D 打印

§1-1　3D 打印的概念、基本原理与分类

一、填空题（将正确的答案填写在横线上）

1. 3D 打印技术源于 19 世纪末的＿＿＿＿＿＿＿，并于 20 世纪 80 年代在＿＿＿＿＿＿行业得以发展和推广。

2. 3D 打印技术又称＿＿＿＿＿＿＿＿＿技术，相比传统制造技术，其具有革命性变化，企业或研究机构普遍喜欢用＿＿＿＿＿＿＿＿＿来表示 3D 打印技术。

3. 3D 打印技术是机械工程技术、＿＿＿＿＿＿＿、＿＿＿＿＿＿＿、＿＿＿＿＿＿＿、＿＿＿＿＿＿、材料科学等多学科相互渗透与交叉的产物。

4. 3D 打印技术主要适合于＿＿＿＿＿＿＿＿、＿＿＿＿＿＿＿＿等，被称为 21 世纪制造业最具影响的技术之一。

5. 3D 打印技术是基于＿＿＿＿＿＿＿的思想，用层层叠加的方法将成形材料"堆积"而形成实体工件的技术。

6. 3D 打印技术的分类有很多种，常见的分类方式有按＿＿＿＿＿＿＿＿＿分类、按＿＿＿＿＿＿＿＿＿＿＿＿＿＿＿＿＿分类和按＿＿＿＿＿＿＿＿＿分类等。

7. 按原型使用材料的构建技术分类，3D 打印常见的分类方式有＿＿＿＿＿原材料打印、粉末粒子原材料打印和＿＿＿＿＿＿原材料打印等。

8. 按打印材料分类，3D 打印常见的分类方式有＿＿＿＿＿＿＿＿＿＿＿＿、无机非金属材料打印、有机高分子材料打印、＿＿＿＿＿＿＿＿＿＿＿＿＿＿＿＿＿等。

二、判断题（正确的，在括号内打"√"；错误的，在括号内打"×"）

1. 3D 打印技术起源于 20 世纪 80 年代，至今不过三四十年的历史。（　　）

2. 3D 打印技术与机械加工的方式高度类似。（　　）

3. 由于 3D 打印技术发展时间短，因此技术不成熟，很难在实际生产中得到广泛的应用。（　　）

4. 在 3D 打印技术原理中，高分子聚合反应和熔融黏合的基本原理相同，都是将材料黏合在一起。（　　）

5. 熔融沉积成形技术应用的是熔融黏合原理。（　　）

6. 3D 打印的过程属于化学变化过程，而不是物理变化过程。（　　）

三、选择题（将正确答案的选项填写在括号中）

1. 快速成形技术的英文名称为 Rapid Prototyping Manufacturing（RPM），目前也被称为（　　）。

A. 3D 打印　　B. 减材制造

C. 智能打印　　D. 快速成形制造技术

2. 从 3D 打印的基本流程来看，一般 3D 打印模型最后的处理步骤是（　　）。

A. 3D 扫描或直接 3D 建模　　B. 模型数据修复

C. 模型分层切片　　D. 模型打磨、上色、渲染等后处理

3. 目前，3D 打印技术应该属于实际应用中的（　　）。

A. 计算机辅助设计　　B. 计算机辅助制造

C. 计算机辅助测试　　D. 计算机辅助教学

4. 关于 3D 打印技术，下列说法错误的是（　　）。

A. 可以直接将计算机中的三维图形输出为三维的塑料零件

B. 可以实现从微观组织到宏观结构的可控制造

C. 存在着制造效率低、成本高的缺点

D. 目前的市场规模占全球制造市场的 80% 以上

四、简答题

1. 美国材料与试验协会（ASTM）关于 3D 打印技术的定义是什么？

2. 简述 3D 打印技术与传统减材制造技术的差别。

3. 按技术原理分类，3D 打印常见的分类方式有哪几种?

4. 简述 3D 打印的基本流程。

五、综合实践题

1. 利用互联网搜索 3D 打印作品图片，选出你喜欢的 3～5 种作品与同学们进行交流。

2. 通过分析和讨论，总结 3D 打印技术都有哪些应用。

§1-2　3D 打印技术的特点及其与传统加工的对比

一、填空题（将正确的答案填写在横线上）

1. 3D 打印技术能快速将设计思路转化为________________、真实存在的实物。

2. 一般 3D 打印技术的用料仅是传统减材制造的 1/3～1/2，部分 3D 打印技术的材料利用率几乎是__________，这就降低了加工材料的成本。

3. 除 3D 打印技术外，一般来讲，__________和__________是最传统的增材制造技术。

4. 利用三维扫描技术可以方便、快捷、准确地获得实物的__________。

5. __________是两种或多种材料复合而成且成分和结构呈连续梯度变化的一种新型复合材料。

二、判断题（正确的，在括号内打“√”；错误的，在括号内打“×”）

1. 增材制造技术和减材制造技术是目前共存的两种制造方式，两者同样重要。（ ）

2. 3D 打印技术只是增材制造技术的一种。（ ）

3. 3D 打印技术的优势之一在于能拓展设计师的想象空间。（ ）

4. 3D 打印技术的材料利用率比较低，所以成本很高。（ ）

5. 3D 打印技术制造过程中，制造工件的形状越复杂，制造成本越高。（ ）

6. 目前，3D 打印加工和普通机械加工一样，都是一个个零件加工完成后进行组装，由于技术条件的限制，很难做到集成制造。（ ）

7. 因为 3D 打印过程中需要较多的人工干预，所以 3D 打印技术对打印机操作工人的技术水平要求很高。（ ）

8. 3D 打印技术尽管具有众多优点，但其在成形过程中不能将多种原材料融合在一起。（ ）

9. 3D 打印技术是依据三维 CAD 数据将材料连接并制作物体的过程，相对于减材制造，它通常是逐层累加的过程。（ ）

三、选择题（将正确答案的选项填写在括号中）

1. 3D 打印属于（ ）制造。

A. 减材 B. 增材 C. 等材 D. 激光

2. 数控车床车削加工属于（ ）制造方式。

A. 减材 B. 增材 C. 等材 D. 激光

3. 下列选项中，不是 3D 打印技术特点的是（ ）。

A. 产品多样化，不增加成本 B. 仅限于加工塑料材料

C. 制造复杂物品不增加成本 D. 减少废弃副产品

4. 相比于减材制造这种材料去除技术，（ ）是一种“自下而上”材料累加的制造方法。

A. 增材制造 B. 减材制造 C. 切削加工 D. 铣削加工

5. 下列关于 3D 打印技术的表述，错误的是（ ）。

A. 是一种切削技术 B. 直接从计算机图形数据中制作实体

C. 成形速度快　　　　　　　　　　D. 可实现个性化产品的制作

6. 下列关于 3D 打印技术特点的表述，不恰当的是（　　）。

A. 对复杂性无敏感度，只要有合适的三维模型就可以打印

B. 对材料无敏感度，任何材料均能打印

C. 适合制作少量的个性化定制物品，对于批量生产优势不明显

D. 虽然技术在不断改善，但强度与精度与部分传统工艺相比仍有差距

7. 下列关于 3D 打印技术的表述，不正确的是（　　）。

A. 3D 打印技术是一种以数字模型文件为基础，通过逐层打印的方式来构造物体的技术

B. 3D 打印技术起源于 20 世纪 80 年代，至今不过三四十年的历史

C. 3D 打印技术多用于工业领域，尼龙、石膏、金属、塑料等材料均能打印

D. 3D 打印技术为快速成形技术，打印速度十分迅速，成形往往仅需要几分钟的时间

8. 下列关于 3D 打印技术的表述，正确的是（　　）。

A. 该技术的思想起源于英国

B. 该技术尚不能打印建筑、骨骼等庞大或特殊的物品

C. 打印所使用的材料可为金属粉末、陶瓷粉末、塑料等

D. 打印的过程通常是先进行预先切片，然后进行三维设计，再打印成品

9. 下列制件中，（　　）不适合利用 3D 打印技术制作。

A. 　　B. 　　C. 

四、简答题

1. 简述 3D 打印的技术特点。（至少写出五个）

2. 为什么说利用 3D 打印技术制造复杂工件不会增加成本？

3. 如何理解 3D 打印技术的零技能制造?

4. 为什么说 3D 打印技术能突破制造局限?

五、综合实践题

1. 分析比较 3D 打印技术与传统减材加工技术的区别，完成表 1-2-1 的填写。

表 1-2-1　　3D 打印技术与传统减材加工技术的比较

特征项目	3D 打印技术	传统减材加工技术
生产步骤		
生产周期		
生产精度		
生产流程		
模具需求		
成本		
复杂的一体化成形零件制造		
个性化制造		
劳动条件		

2. 将 3D 打印技术与传统堆焊、铸造等增材加工技术进行比较，完成表 1-2-2 的填写。

表 1-2-2　　3D 打印技术与传统增材加工技术的比较

特征项目	3D 打印技术	传统增材加工技术
生产步骤		
生产周期		
生产精度		
生产流程		

续表

特征项目	3D 打印技术	传统增材加工技术
模具需求		
成本		
复杂的一体化成形零件制造		
个性化制造		
劳动条件		

3. 在手机或计算机的搜索栏中分别输入“焊接视频”和“铸造视频”，观看焊接和铸造的相关视频，然后与同学们交流一下焊接和铸造在车间环境、安全性、制造精度等方面各有什么特点，并记录下来。

§ 1-3　3D 打印的发展

一、填空题（将正确的答案填写在横线上）

1. 一般来讲，3D 打印技术在国外经历了产生期、________________、________________三个阶段。

2.1983 年，美国科学家 Charles Hull 发明了____________________并制造出全球首个 3D 打印零件。

3. ________年，3D Systems 公司生产出第一台自主研发的 3D 打印机 SLA-250。

4. 世界上第一台自主研发的 3D 打印机 SLA-250 的面世是 3D 打印技术发展历史上的一个______________，其设计思想几乎影响了后续所有的 3D 打印设备。

5.1988 年，美国康涅狄格州的工程师 Scott Crump 发明了______________。

6.1989 年，美国得克萨斯大学奥斯汀分校的 C.R.Dechard 博士发明了____________。

7. 我国自 20 世纪 80 年代初开始发展 3D 打印技术，国内 3D 打印技术的发展大致经历了艰难起步、逐步发展和________________三个阶段。

8. ________年，为加快推进我国 3D 打印技术的健康、有序发展，我国发布了《国家增材制造产业发展推进计划（2015—2016 年）》等文件和通知。

9. 一般来讲，________和________是我国目前 3D 打印迅速发展的两个重要原因。

二、判断题（正确的，在括号内打“√”；错误的，在括号内打“×”）

1. 根据网上的资料，用 3D 打印技术制作任何东西都是合法的。（　　）

2. 目前，3D 打印技术在各行各业都有应用，建立 3D 打印的相关标准没有必要。（　　）

3. 近年来，3D 打印技术的应用范围不断拓展，目前在工业制造、航空航天、汽车制造、消费电子产品制造、医疗等领域均有应用。（　　）

4. 模仿者利用 3D 打印技术复制或仿制其他人的作品或创意属于违法行为。（　　）

三、选择题（将正确答案的选项填写在括号中）

1. 下列选项中，（　　）不是 3D 打印技术需要解决的问题。

A. 3D 打印的耗材　　B. 限制 3D 打印技术的应用领域

C. 3D 打印机的操作技能　　D. 知识产权的保护

2. 3D 打印技术被英国《经济学》杂志称为将带来第（　　）次工业革命的数字化制造技术。

A. 一　　B. 二　　C. 三　　D. 四

3. 下列选项中，（　　）不是 3D 打印技术快速发展的原因。

A. 价格下降　　B. 技术进步

C. 科学技术的发展　　D. 媒体对 3D 打印技术的过度宣传

4. 下列各项 3D 打印工作中，（　　）不会被法律保护。

A. 自己利用业余时间研究 3D 打印新材料

B. 自己开发手办模型并拿到市场去卖

C. 自己成立从事 3D 打印工作的公司，对外承揽 3D 打印业务

D. 利用 3D 打印技术，随意模仿别人的创新创意为我所用

四、简答题

1. 目前 3D 打印技术的发展呈现出哪些特点？

2. 3D 打印技术目前存在哪些困难与挑战?

3. 为什么要对 3D 打印技术建立相应的标准?

五、综合实践题

1. 在手机或计算机的搜索栏中分别输入“我国 3D 打印的公司有哪些”，查询一下我国都有哪些生产 3D 打印相关设备的公司，并记录我国 3D 打印的设备品牌。

2. 在手机或计算机的搜索栏中分别输入“GB/T 35021—2018《增材制造 工艺分类及原材料》”，了解我国新制定的 3D 打印标准里面都有哪些内容，并把感兴趣的知识摘录下来。

第二章　常见的 3D 打印技术

§2-1　熔融沉积成形技术

一、填空题（将正确的答案填写在横线上）

1. 熔融沉积成形技术的英文缩写是＿＿＿＿＿，又被称为熔丝沉积成形技术，是目前发展最成熟、应用最广泛的快速成形技术。

2. FDM 机械系统主要包括＿＿＿＿＿＿、＿＿＿＿＿＿、＿＿＿＿＿、运动机构、＿＿＿＿＿＿5 个部分。

3. FDM 工艺在原型制作时需要同时制作支撑，为了节省材料成本和提高成形效率，新型 FDM 设备采用了双喷头，一个喷头用于沉积＿＿＿＿＿，另一个喷头用于沉积＿＿＿＿＿＿。

4. FDM 打印的料丝是由＿＿＿＿＿＿＿源源不断地送丝给喷头，送丝过程要求平稳可靠，避免断丝或产生积瘤。

5. FDM 打印材料主要有＿＿＿＿＿＿和＿＿＿＿＿＿，此外还有其他一些材料，如 TPE/TPU 柔性材料、＿＿＿＿＿＿＿、金属质感材料、碳纤维材料、＿＿＿＿＿＿＿等。

6. PLA 的中文名称是＿＿＿＿＿＿＿，它是 3D 打印最常用的材料之一。PLA 是一种新型＿＿＿＿＿＿＿，由玉米、木薯和甘蔗等可再生资源提取的淀粉原料，经发酵制成乳酸，再通过化学合成方法转换而成。

7. PLA 使用后能被自然界中的微生物降解，不污染环境，是一种环境友好材料，也被称为＿＿＿＿＿＿＿。

8. PLA 的加工温度约为＿＿＿＿＿＿＿，使用温度一般在＿＿＿＿以下。

9. PLA 具有良好的抗溶剂性、＿＿＿＿＿＿＿和＿＿＿＿＿＿＿，可采用挤压、拉伸、注塑等多种方式进行加工。

10. PLA 具有良好的＿＿＿＿＿＿和＿＿＿＿＿＿，由 PLA 制成的产品，其生物相容性、手感等非常好。

11. PLA 在打印时＿＿＿＿＿产生难闻的气味，所以它相对安全，适合在办公室或教室使用。

12. ABS 的中文名称是＿＿＿＿＿＿＿＿＿＿＿＿＿＿，是一种很受欢迎的 FDM

打印材料。

13. ABS 具有______________、______________、弹性较好、质量轻、容易挤出等特点。

14. ABS 树脂是丙烯腈、____________和____________的三元共聚物，具有较好的____________、____________、刚性和耐化学性，同时具有较好的抗冲击性、韧性、低温稳定性、加工工艺性和表面光泽。

15. 一般 ABS 在____________℃以上即可成形，在____________℃以上分解，加工温度一般为__________℃，使用温度一般为__________℃。

16. ABS 在____________作用下易氧化降解发生变化，所以耐候性差。

17. 在打印 ABS 的过程中，必须对平台进行____________，否则打印第一层冷却太快，可能会出现翘曲和收缩等现象。

18. TPE 是一种热塑性弹性体材料，具有______________、______________、可注塑加工、环保无毒、着色性优良等特点，应用广泛。

19. TPU 主要分为聚酯型和聚醚型两种，具有硬度范围宽、____________、耐油、____________、弹性好等优点。

20. TPE 通常用于______________、____________、医疗用品、生活用品、智能手机盖等生产中。

21. TPU 通常用于______________、体育用品、____________、装饰材料等生产中。

22. FDM 木质感打印材料是通过在 PLA 中混合定量的竹子、桦木、乌木等______________制成的。

23. FDM 金属质感打印材料是一种 PLA 或 ABS 与____________混合的材料。金属质感材料打印的模型抛光后，从视觉上能感到这些模型就像是用青铜、黄铜、铝或不锈钢制造出来的。

24. FDM 碳纤维打印材料是混合了细碎______________的 3D 打印线材，该材料在刚性、结构以及层间附着力方面的性能都比较出色，但成本较高。

25. FDM 夜光材料是通过在 PLA 或 ABS 中添加不同颜色的____________制成的，夜光材料在光源下照射 15 min 后将其放置于黑暗处，就会发出绚丽的光。

26. 从理论上讲 PLA 比 ABS____________，除了 3D 打印，它通常用于制造包装材料、塑料杯和塑料水瓶等。

27. ABS 是一种______________，常用于日常生活中的塑料制品，如汽车制品、电气设备、乐高积木等。

28. PLA 的玻璃化转变温度为______________℃，一般 PLA 的打印温度为______________℃，ABS 的打印温度为______________℃。

29. PLA 脆性__________，表面硬度__________，弯曲时容易折断。用 PLA 材料制成的模型易于切割、打磨、涂漆和黏合。

30. ABS 相比 PLA 在压力作用下更容易__________，但不易折断，具有更好的可塑性，后处理加工也更容易。

31. ABS 原料易__________，因此，开封后的耗材卷应尽快使用完，否则打印质量可能会受到影响。

32. ABS 加热时会散发出难闻的__________。

33. 用 ABS 材料打印时有毒物质的释放量远远__________PLA。因此，在用 ABS 材料进行打印时，打印机需要放置在__________区域或采取封闭机箱并配备空气净化装置。

34. PLA 是可进行__________，ABS 是不可进行生物降解的，但可以__________。

35. PLA 具有相对低的__________，所以不适合制作受热的物体，多用于制作家用物品、小工具和玩具等。

二、判断题（正确的，在括号内打“√”；错误的，在括号内打“×”）

1. 由于 FDM 工艺不需要激光系统支持，成形材料多为 ABS、PLA 等热塑性材料，因此，其性价比较高，是桌面级 3D 打印机广泛使用的技术。（　）

2. 熔融沉积成形技术可以同时成形两种或两种以上的材料。（　）

3. 去除支撑材料是 FDM 打印机打印成形件后处理工作中最关键的步骤之一。（　）

4. FDM 打印机需要将打印原材料加热到熔点以上，原材料的加热设备主要是喷头。（　）

5. FDM 打印机在打印过程中会产生较大的粉尘和气味，因此，不建议在普通办公条件下使用。（　）

6. 因为 ABS 的打印温度比 PLA 低，所以 ABS 的实际应用领域比 PLA 更广泛。（　）

7. ABS 和 PLA 材料在受潮后会立刻失效而不能使用。（　）

8. PLA 不能进行生物降解，ABS 能够进行生物降解，所以 ABS 更安全。（　）

9. ABS 是食品安全材料，当 ABS 接触到热的食物时，塑料中的化学物质不会浸入食物。（　）

三、选择题（将正确答案的选项填写在括号中）

1. FDM 技术的成形原理是（　　）。

A. 叠层实体制造　　B. 熔融挤出叠加成形

C. 立体光固化成形　　D. 选择性激光烧结

2. 支撑结构的主要作用是（　　）。

A. 防止变脆　　B. 防止翘曲变形

C. 有利于分层成形　　D. 美观

3. 目前，FDM 常用的支撑材料是（　　）。

A. 水溶性材料　　B. 金属

C. PLA　　D. 粉末材料

4. 下列选项中，（　　）不是 FDM 技术的优点。

A. 尺寸精度高，表面质量好

B. 原材料以卷轴丝的形式提供，易于运输和更换

C. 原材料在成形过程中无化学变化，制件变形小

D. 原理相对简单，无须激光器等贵重元器件

5. 下列选项中，（　　）不是 PLA 材料的特点。

A. 脆性强

B. 表面硬度高

C. 耐高温

D. 适宜切割、打磨、黏合、喷涂等后处理加工

四、简答题

1. 简述 FDM 技术的原理。

2. 简述 FDM 技术的优缺点。

3. 简述 FDM 技术的应用场合。

4. 简述 FDM 技术未来的发展方向。

5. ABS 材料的制成品具有哪些特点?

6. ABS 和 PLA 常用的 3D 打印热性能指标有哪些?

五、综合实践题

1. 分别用剪刀剪下一小段 ABS 丝材和一小段 PLA 丝材，用打火机的火焰烧一下，观察它们加热后的状态有什么不同，气味有什么不同，并记录下来。(操作过程中注意防火安全)

2. 找一个打印好的模型，观察支撑部分和模型部分有什么不同，想一想为什么。

§ 2-2　立体光固化成形技术

一、填空题（将正确的答案填写在横线上）

1. 立体光固化成形技术的英文缩写是＿＿＿＿＿＿，又称为立体光刻成形技术，是最早发展起来的快速成形技术之一。

2. 立体光固化成形技术以＿＿＿＿＿＿＿＿为原料，通过控制紫外光束扫描液态光敏树脂使其有序固化成形。

3. 立体光固化成形技术的成形件可作为功能件直接应用，并且具有较高的强度和＿＿＿＿＿＿，对于特别复杂和精细的工件也能成形，成形性能十分优越。

4. SLA 适合于制作＿＿＿＿＿＿＿＿，如能直接得到树脂或类似工程塑料的产品，主要用于概念模型的原型制作，或用来做简单装配检验和工艺规划。

5. SLA 的发展方向是＿＿＿＿＿＿＿＿、＿＿＿＿＿＿＿＿、＿＿＿＿＿＿＿＿、微型化及开发高性能材料。

6. 现有的 SLA 材料都有一定的＿＿＿＿＿＿，不够环保，所以环保也是未来的发展方向之一。

7. SLA 技术的光固化树脂材料中，稀释剂包括＿＿＿＿＿＿＿＿＿＿与＿＿＿＿＿＿＿＿＿＿两类。

8. SLA 技术的光固化树脂材料中，常规的添加剂有＿＿＿＿＿＿、UV 稳定剂、＿＿＿＿＿＿＿、＿＿＿＿＿＿、天然色素等。其中，＿＿＿＿＿＿特别重要，它可以使液态光固化树脂在容器中保持较长的存放时间。

9. 根据光引发剂的引发机理，光固化树脂可以分为＿＿＿＿＿＿＿＿＿＿、阳离子光固化树脂和＿＿＿＿＿＿＿＿＿＿＿＿三类。

10. SLA 技术的光固化树脂材料主要包括＿＿＿＿＿＿＿、稀释剂及＿＿＿＿＿＿＿。

11. SLA 技术的光固化树脂材料中，低聚物是光固化树脂中比例最大的组分，和稀释剂一起占整个组分的＿＿＿＿＿＿＿＿＿＿以上，它是光固化配方的基体树脂。

二、判断题（正确的，在括号内打“√”；错误的，在括号内打“×”）

1. 因为 SLA 技术不如 FDM 技术成熟，所以在实际工作中 SLA 技术的应用不如 FDM 技术广泛。（　　）

2. SLA 设备的紫外线激光管使用寿命短、价格高，在实际应用过程中可用红外线代替。（　　）

3. SLA 设备是要对液体进行操作的精密设备，对工作环境要求比较苛刻。（　　）

4. SLA 设备在固化过程中会产生刺激性气味，同时光敏树脂材料存在一定的污染，因此，设备在运行过程中必须遵守操作规程和环保要求。（　　）

5. SLA 材料的毒性较小，可以在开放的办公环境下使用。（　　）

6. 光敏树脂在任何紫外光的照射下都能迅速发生光聚合反应，分子量急剧增大，材料也就从液态转变成了固态。（　　）

7. SLA 设备的打印速度比 FDM 设备的打印速度更快一些。（　　）

8. SLA 技术成形件多为树脂类，强度、刚度、耐热性高，可长时间保存。（　　）

9. SLA 工艺设备对工作环境无具体要求。（　　）

三、选择题（将正确答案的选项填写在括号中）

1. 立体光固化成形设备使用的原材料为（　　）。

A. 光敏树脂　　B. 尼龙粉末
C. 陶瓷粉末　　D. 金属粉末

2. 3D 打印的各种技术中，使用光敏树脂的技术是（　　）。

A. SLA　　B. 3DP　　C. SLS　　D. LOM

3. 下列选项中，（　　）不是 SLA 技术的优势。

A. 加工速度快，产品生产周期短，无须切削工具与模具
B. 材料种类丰富，覆盖行业领域广
C. 工艺成熟、稳定
D. 尺寸精度高，表面质量好

4. 下列选项中，（　　）不是对光敏树脂的性能要求。

A. 光敏性好　　B. 毒性小
C. 黏度低　　D. 熔融性好

5. 下列选项中，（　　）不是 SLA 工艺的主要缺点。

A. 系统造价高
B. 材料强度和耐热性差
C. 设备对工作环境的湿度和温度要求较严
D. 打印效率不高

6. SLA 技术最重要的应用领域是（　　）领域。

A. 分子材料成形　　B. 树脂材料成形

C. 金属材料成形　　D. 薄片材料成形

四、简答题

1. 简述 SLA 技术的工作原理。

2. 简述 SLA 技术的优缺点。

3. 简述 SLA 技术对材料的要求。

4. 为什么 SLA 技术对材料有低黏度的要求?

5. 简述 SLA 技术的光固化树脂材料中光引发剂的作用。

6. SLA 技术常用材料在选择时要考虑的主要性能指标有哪些?(至少列举 5 种)

五、综合实践题

分别找一个打印好的 SLA 模型和 FDM 模型，从表面质量、手感、透明度等方面观察两个模型有什么不同，并记录下来。

§2-3　选择性激光烧结技术

一、填空题(将正确的答案填写在横线上)

1. 选择性激光烧结技术的英文缩写是__________。其主要是利用计算机控制高强度激光，逐层将__________、__________、__________、金属等材料的粉末高温烧结成形。

2. SLS 技术的最大特点是可以直接制作＿＿＿＿＿＿，且利用 SLS 技术制作金属零件的性能已经接近用传统方法制作的金属零件。

3. SLS 已经成功应用于＿＿＿＿＿、＿＿＿＿＿、航天、通信、建筑、医疗和考古等诸多行业，为许多传统制造业注入了新的创造力。

4. 目前，SLS 技术的成形材料一般为粉末，主要可以分为＿＿＿＿＿＿＿、高分子和石蜡粉末类、覆膜类。理论上，只要是受热后能黏结在一起的粉末材料或表面覆盖有热塑层的材料，都可以用作 SLS 的打印材料。

5. SLS 打印的金属粉末类打印材料一般有＿＿＿＿＿＿＿、＿＿＿＿＿＿、金属和有机黏结剂混合粉末三种组成形式。

6. SLS 打印的高分子和石蜡粉末类打印材料一般有聚苯乙烯、＿＿＿＿＿、尼龙材料、蜡粉等。

二、判断题（正确的，在括号内打“√”；错误的，在括号内打“×”）

1. SLS 技术打印的原材料是粉末状，在打印过程中容易受到污染，所以打印完成后未烧结的粉末不能重复利用。（　　）

2. SLS 打印设备的采购成本和维护成本都较高，但原材料价格便宜。（　　）

3. 因为 SLS 技术的成形原材料是金属粉末，所以其金属力学性能特别好。（　　）

4. 目前，虽然 SLS 技术得到了飞速的发展，但是其打印速度、精度和表面质量还不能完全媲美传统的机械加工。（　　）

5. SLS 打印和 FDM 打印一样，在打印复杂工件时需要添加支撑。（　　）

6. SLS 材料的打印过程实际上是一种材料的化学反应过程。（　　）

7. SLS 打印中原材料的颗粒大小对打印结果的影响不大。（　　）

8. 在众多的 3D 打印工艺中，SLS 的打印原理与 SLA 的打印原理完全相同。（　　）

9. 因为 SLS 设备的价格较高，所以一般情况下可采用一机多用，即一台打印机既能打印尼龙材料，又能打印金属材料、陶瓷材料等。（　　）

三、选择题（将正确答案的选项填写在括号中）

1. SLS 技术最重要的应用领域是（　　）领域。

A. 高分子材料成形　　B. 树脂材料成形

C. 金属材料成形　　D. 薄片材料成形

2. 以下 3D 打印技术中，（　　）打印技术是金属增材制造使用最多的。

A. FDM　　B. 3DP　　C. SLA　　D. SLS

3. 下列选项中，（　　）不是 SLS 技术能够打印的材料。

A. 液态光敏树脂　　B. 金属

C. 陶瓷　　D. 尼龙

4. 下列选项中，(　　) 不是 SLS 打印设备的缺点。

A. 采购成本高　　B. 需要比较复杂的辅助工艺

C. 工艺参数设置复杂　　D. 无须支撑

四、简答题

1. 简述 SLS 技术的基本原理。

2. 简述 SLS 技术的优缺点。

3. 简述 SLS 技术的发展方向。

五、综合实践题

通过网络搜索一下“3D 打印 SLS 设备的应用”，了解选择性激光烧结技术在现实生活和生产中的应用，并选择几种较典型的应用实例记录下来。

§ 2-4 其他常见打印技术

一、填空题（将正确的答案填写在横线上）

1. 三维打印成形技术的英文缩写是__________，是 1993 年由美国麻省理工学院教授 Emanual Sachs 创造的一种三维打印技术，其原理是将金属和陶瓷的粉末通过黏结剂黏结在一起并成形，当时被称为三维印刷。

2. 薄材叠层制造成形技术的英文缩写是__________，又称为薄型材料选择性切割技术，是快速制造领域最具代表性的技术之一。

3. 选择性激光熔化技术的英文缩写是__________，由德国 Froounholfer 研究院于 1995 年首次提出，其工作原理与 SLS 相似。

4. 为防止金属在高温下氧化，SLM 技术需要在__________保护下工作。

二、判断题（正确的，在括号内打“√”；错误的，在括号内打“×”）

1. SLS 技术和 SLM 技术是同一种技术。（　　）

2. 使用 LOM 打印技术生产的制件性能相当于高级木材。（　　）

3. LOM 打印机在打印过程中容易发生火灾，因此，打印时需要专人全程看守。（　　）

4. 所有类型的 3D 打印机都可以自由移动，并可以制造出比自身体积还要庞大的物品。（　　）

5. SLM 技术可打印大型部件。（　　）

6. LOM 打印技术的原材料是片状或薄膜材料。（　　）

7. SLS 是选择性激光熔化技术，SLM 是选择性激光烧结技术。（　　）

8. 由于 SLM 打印工件的力学性能好，常用于模型制作。 (   )

9. SLM 技术的缺点是成形速度慢。 (   )

三、选择题（将正确答案的选项填写在括号中）

1. 3DP 打印技术后处理步骤的第一步是（   ）。

A. 除粉　　B. 涂覆　　C. 静置　　D. 固化

2. 下列选项中，（   ）不是 3DP 技术的缺点。

A. 强度、韧性相对较差，无法适用于功能性试验

B. 原材料价格较贵

C. 模型精度和表面质量比较差

D. 打印过程中设置的支撑结构复杂

3. 下列选项中，（   ）不是 3DP 技术的优点。

A. 打印所需支撑结构设计简单

B. 工作过程较为环保

C. 无须激光器等昂贵元器件，设备造价大大降低

D. 成形速度快，成形喷头可用多个喷嘴

4. 3DP 技术使用的原材料是（   ）。

A. 光敏树脂　　B. 金属材料

C. 高分子材料　　D. 粉末材料

5. 下列选项中，（   ）不是 LOM 打印技术的缺点。

A. 表面质量差，制件性能不高

B. 前处理和后处理费时费力

C. 制造中空结构件时加工困难

D. 材料浪费严重且材料种类少

6. 下列选项中，（   ）是主要使用薄片材料作为原材料的 3D 打印技术。

A. SLA　　B. 3DP

C. SLS　　D. LOM

7.LOM 技术最早应用的领域是（   ）领域。

A. 医学影像　　B. 立体地图

C. 建筑　　D. 航空航天

8. 世界上最早出现的 3D 打印技术是（   ）技术。

A. SLA　　B. FDM　　C. LOM　　D. 3DP

9. 下列选项中，（   ）不是 SLM 技术的优势。

A. 应用领域广　　B. 表面粗糙度好

C. 加工后的金属零件致密性好　　D. 加工后的金属零件力学性能较好

10. SLM 打印过程中，金属粉末（　　）后熔接成形。

A. 完全黏结　　B. 并未完全熔化

C. 完全熔化　　D. 完全烧结

11. 3DP 技术最具竞争力的特点是（　　）。

A. 表面粗糙度好　　B. 材料强度高

C. 色彩表现力丰富　　D. 后处理过程简单

四、简答题

1. 简述 3DP 技术的基本原理。

2. 简述 3DP 技术的优缺点。

3. 简述 3DP 技术的应用场合。

4. 简述 LOM 技术的基本原理。

5. 简述 LOM 技术的优缺点。

6. 简述 LOM 技术的应用场合。

7. 简述 SLM 技术的基本原理。

8. 简述 SLM 技术的优缺点。

9. 简述 SLM 技术的应用场合。

10. 简述 SLM 技术与 SLS 技术的区别。

五、综合实践题

分别在网络上搜索“3D 打印机 FDM”“3D 打印机 SLA”“3D 打印机 SLS”“3D 打印机 3DP”“3D 打印机 LOM”和“3D 打印机 SLM”的打印机图片，尝试给每一类 3D 打印技术的打印机查找一个生产厂家并记录下来。

§ 2-5　3D 打印技术的比较

一、填空题（将正确的答案填写在横线上）

1. 衡量 3D 打印技术的经济性指标主要有材料价格、____________、运行成本、____________和设备价格等。

2. 3D 打印的精度一直是行业关注的焦点，也是 3D 打印的____________，3D 打印工件的最终成形精度包括尺寸精度、____________、材料强度、____________和____________等。

二、判断题（正确的，在括号内打“√”；错误的，在括号内打“×”）

1. 3D 打印技术可以打印部分陶瓷材料。（　　）

2. 目前，3D 打印机的价格与传统普通机械加工设备相比一般都较高。（　　）

3. 与传统机械加工设备相比，3D 打印设备的加工精度还不是很高，有时还需要与传统机械加工设备配合使用。（　　）

三、选择题（将正确答案的选项填写在括号中）

1. 下列 3D 打印快速成形工艺中，（　　）技术是一种不依靠激光作为成形能源，而是将各种丝材加热熔化并逐层沉积的成形工艺方法。

A. SLA　　B. LOM　　C. FDM　　D. SLS

2. 下列 3D 打印技术中，（　　）技术的设备价格是最便宜的。

A. SLA　　B. LOM　　C. SLS　　D. FDM

3. 下列 3D 打印技术中，(　　) 技术的材料利用率最低。

A. SLA　　B. LOM　　C. SLS　　D. FDM

四、连线题

将 3D 打印的加工方式与该加工方式对应的加工材料用直线连接起来。

FDM	光敏树脂
SLA	金属粉末
LOM	薄膜材料
SLS	热塑性丝材

五、简答题

1. 结合所学知识，对常见 3D 打印技术的工艺进行比较并填写表 2-5-1。

表 2-5-1　　3D 打印技术的工艺比较

序号	加工方式	加工材料	优点	缺点
1	FDM			
2	SLA			
3	SLS			
4	3DP			
5	LOM			
6	SLM			

2. 结合所学知识，对常见 3D 打印技术的经济性进行比较并填写表 2-5-2。

表 2-5-2　　　　3D 打印技术的经济性比较

加工方式	材料价格	运行成本	生产效率	设备费用
FDM				
SLA				
SLS				
3DP				
LOM				
SLM				

六、综合实践题

上网搜索除了本章介绍的 FDM、SLA、SLS、3DP、LOM 和 SLM 这六种打印技术外，还有没有其他 3D 打印技术，如果有则记录下来，尝试自学这些打印技术的原理及特点并填写表 2-5-3。

表 2-5-3　　　　3D 打印技术的原理及特点

3D 打印技术	原理	特点	备注

第三章　3D 打印的工作流程

§3-1　数据获取

一、填空题（将正确的答案填写在横线上）

1. 数据获取中的软件建模分为＿＿＿＿＿＿建模和＿＿＿＿＿＿建模两种方式。

2. 一般 3D 打印数据处理包含修复、＿＿＿＿＿、＿＿＿＿＿、平滑、支撑等内容。

3. 3D 模型建造完成后，先将三维模型保存为＿＿＿＿＿文件，再进行打印。

4. 正向设计又称为＿＿＿＿＿＿。正向设计的一般流程为：根据设计要求进行构思→＿＿＿＿＿＿＿＿→＿＿＿＿＿＿＿＿。

5. TinkerCAD 是一种基于＿＿＿＿＿＿的 3D 模型设计软件。

6. 逆向设计又称为＿＿＿＿＿＿或＿＿＿＿＿＿，是相对于正向设计而言的。具体来说，逆向设计是指在已经有了物理原型的情况下，以全数字化方式执行原型模型的仿制工作。

7. 三维扫描是逆向构建三维数据模型的常用技术，三维扫描技术是一种集光、＿＿＿＿＿、＿＿＿＿＿和计算机技术于一体的全自动、高精度＿＿＿＿＿技术。

8. 三维扫描的用途是＿＿＿＿＿＿，即创建物体几何表面的点云，这些点云可用来拟合成物体的表面形状，越密集的点云创建的模型越精确。

9. 按照测量方式的不同，三维扫描设备可分为＿＿＿＿＿设备、线测量设备和面测量设备三类。

10. 点测量设备主要有＿＿＿＿＿＿、点激光测量仪和关节臂扫描仪。

11. 线测量设备主要有＿＿＿＿＿＿＿＿和三维手持式激光扫描仪。

12. 三维扫描仪的工作过程大致可以分为＿＿＿＿＿＿＿＿、＿＿＿＿＿＿、＿＿＿＿＿＿、＿＿＿＿＿＿、二次开发和输出几个步骤。

13. 面测量设备主要有＿＿＿＿＿＿＿三维扫描仪和三维摄影测量系统。

14. 按照接触方式的不同，扫描设备主要分为＿＿＿＿＿＿测量设备和＿＿＿＿＿＿测量设备。

15. 逆向设计中常用的三维扫描设备有____________、激光三维扫描仪和光栅三维扫描仪。

16. 断层扫描属于____________，但是因其成本和费用较低，同时能准确扫描被测物体的内部结构，在工业产品的逆向设计中应用较广泛。

17. CT 扫描成像技术是一种__________地再现物体内、外部复杂结构及其材质形态的数字层析技术。

18. CATIA 软件是法国 Dassault 公司的产品，是一款功能强大的____________软件。

19. Geomagic 是美国 Geomagic 公司出品的一款____________软件，该软件主要包括 Studio、Qualify 和 Piano 三部分，主要完成数据逆向、CAD/CAM 之间的转化以及 CAD 模型的误差分析和比较等。

20. Mimics 是比利时 Materialise 公司出品的一款____________控制软件。该软件是目前医学领域中通过点云数据建立 3D 模型应用最广泛的软件之一。

21. CT 扫描仪一般可分为____________扫描仪和____________扫描仪两种。

22. 常用的三维建筑设计软件有____________、PKPM 和____________。

23. 常用的三维动漫 / 游戏设计软件有____________、MAYA 和____________。

二、判断题（正确的，在括号内打“√”；错误的，在括号内打“×”）

1. 扫描得到的数据一般可以不加处理直接使用。（　　）
2. 凡是计算机绘图软件，都可以作为 3D 打印的正向设计软件。（　　）
3. UG、SolidWorks、Creo 是机械工程设计中常用的三款三维设计软件。（　　）
4. 一般免费开源的三维设计软件设计精度都比较低。（　　）
5. 目前的三维实体设计软件中国外软件较多，国内自主开发的软件较少。（　　）
6. 不同的三维实体设计软件，其设计侧重点不同。（　　）

三、选择题（将正确答案的选项填写在括号中）

1. 3D 打印文件的最常用格式是（　　）。

A. ISA　　B. STL　　C. DWG　　D. PPT

2. 下列软件中，（　　）不能进行三维实体设计。

A. UG　　B. SolidWorks　　C. Creo　　D. CAXA 电子图板

3. 下列软件中，（　　）是我国自主研发的三维实体设计软件。

A. UG　　B. SolidWorks　　C. CAXA 制造工程师　　D. Creo

4. 关于三维扫描仪，下列说法错误的是（　　）。

A. 三维扫描仪是一款极其精密的仪器，价格昂贵，对使用环境和操作者要求苛刻

B. 系统电源电压为标准三相 220 V 电压，电源插座要求可靠接地

C. 只要三维扫描仪的镜头不出现起雾现象，三维扫描仪就可以使用
D. 三维扫描仪不能在存在有腐蚀性气体或粉尘的环境中使用

四、简答题

1. 简述 3D 打印的具体流程和步骤。

2. 目前市场上常用的三维工业设计软件有哪些?（至少列举 5 种）

3. 简述逆向设计的一般流程和步骤。

4. 简述激光三维扫描仪的基本原理。

5. 简述光栅三维扫描仪的基本原理。

6. 简述断层扫描的基本原理。

7. 简述螺旋式 CT 扫描的基本原理。

8. 目前市场上常用的逆向设计软件有哪些?(至少列举 5 种)

五、综合实践题

利用以前学过的三维设计软件，绘制一个简易的三维实体模型，然后将它保存为 STL 格式，观察保存过程中软件有什么提示，STL 格式文件保存完成是什么样子的，并记录观察结果。

§ 3-2　数据处理

一、填空题（将正确的答案填写在横线上）

1. 目前，3D 打印设备能够接受 STL、SLC、LEAF 等多种数据格式，其中应用最广泛的是__________格式。

2. 目前，__________格式已经成为 3D 打印技术的标准数据格式。

3. STL 模型的数据处理除了要满足 3D 打印 STL 文件标准外，还要对数据进行____________________、____________________、检测模型的最小壁厚、设定打印底座形状、____________________等处理。

4. 打印模型的最大尺寸是根据 3D 打印机可打印的最大尺寸而定的。当模型超出 3D 打印机的最大打印尺寸时，一般通过______________来实现，即将一个整体的数据模型分割成几个小的数据模型分别打印后再进行拼接。

5. 模型的最小壁厚在考虑模型精度和强度的同时与 3D 打印机的__________是成比例的。打印模型时一定要考虑打印模型的最小壁厚，否则极易打印失败。

6. 一般普通精度 FDM 打印机的喷嘴直径为 0.4 mm，在保证成形精度和强度的前提下，模型的最小壁厚至少应大于________ mm。

7. STL 数据的处理包含______________、______________、分层三个方面。

8. 目前市场上常见的 STL 数据编辑与修复软件有 Netfabb、____________、SolidView、MeshLab 等。

9. Magics 是由比利时的 Materialise 公司开发的一款专业 STL 处理软件，该软件提供了人性化的界面和灵活的作业流程等，在____________、________、________等方面都有广泛的应用。

10. 根据 3D 打印模型的特点，模型的支撑一般分为＿＿＿＿＿＿、部分支撑和＿＿＿＿＿＿三种类型。

二、判断题（正确的，在括号内打“√”；错误的，在括号内打“×”）

1. STL 数据中小三角形数量越少，成形件的精度越高。（　　）

2. CAD 数据在处理过程中，如果软件的精度过低，造成 STL 数据缺陷（如窄槽、小筋片）等，将增加打印失败的概率。（　　）

3. 形状复杂的 3D 打印模型一定要添加支撑。（　　）

4. 3D 打印模型无论怎么摆放，都需要添加支撑。（　　）

5. 在实际应用过程中，正向和逆向设计软件是不能通用的。（　　）

6. 在打印 3D 数据模型时，应尽量通过合理的模型摆放或模型设计来避免添加支撑或减少支撑。（　　）

7. 在打印 3D 数据模型时，如果自己具备设计打印底座的能力，尽量自己设计打印底座。（　　）

三、选择题（将正确答案的选项填写在括号中）

1. 3D 打印前处理中的（　　）实际上就是把 3D 模型切成一片一片的，并设计好打印的路径。

A. 建模　　B. 切片处理

C. 打印过程　　D. 后处理

2. 市场上常见的 3D 打印机所用的打印材料直径为（　　）。

A. 1.75 mm 或 3 mm　　B. 1.85 mm 或 3 mm

C. 1.85 mm 或 2 mm　　D. 1.75 mm 或 2 mm

3. 关于目前 3D 打印技术通用的 STL 文件格式问题，以下说法不符合事实的是（　　）。

A. 由 3D Systems 公司制定

B. 由多个三角面片的定义组成

C. 已有新的格式替代

D. 定义包括三角面片的法矢量

4. 下列 STL 三角面片中，正确的是（　　）。

A. 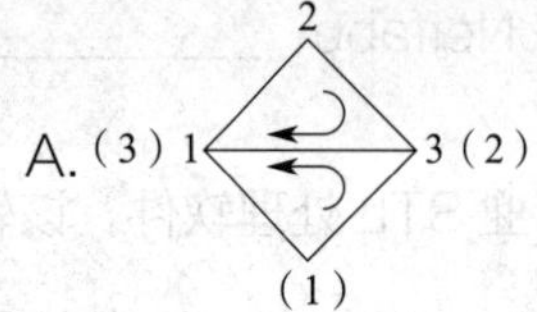

B. 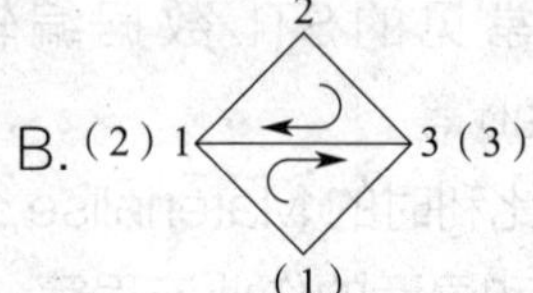

5. 下列 STL 模型的三角面片中，(　　) 不违反 3D 打印文件标准的共顶点规则。

A. 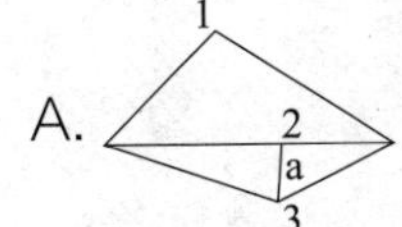

B. 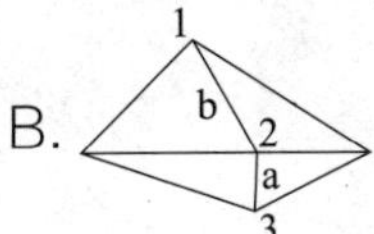

6. 下列 3D 模型中，(　　) 不需要添加支撑。

A. 

B. 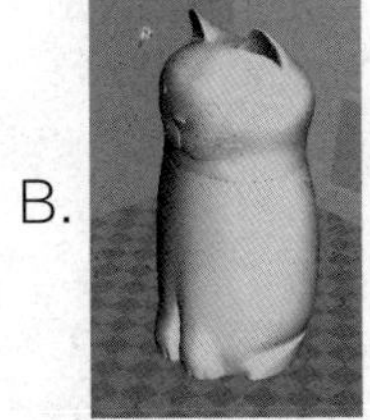

C. 

7. 用 Cura 软件对照片进行浮雕处理时，填充密度应设置为 (　　)。

A. 0%　　　　B. 45%

C. 75%　　　　D. 100%

8. Magics 软件是由 (　　) 的软件工程师开发的。

A. 比利时　　　　B. 英国

C. 挪威　　　　D. 美国

四、简答题

1. 列举 FDM 切片软件的基本参数。(至少列举 5 种)

2. 简述 3D 打印数据处理的意义。

3. 3D 打印的 STL 文件标准具有什么特点?

4. 简述选择 STL 模型精度不当的后果。

5. 简述正向获取数据的 3D 打印流程。

6. 简述逆向获取数据的 3D 打印流程。

7. 简述 3D 打印模型添加支撑的基本原则。

8. 为什么 3D 模型在打印时要考虑如果模型能不使用支撑就尽量不使用支撑？

9. 目前市场上常用的分层软件有哪些？（至少列举 3 种）

五、综合实践题

1. 仔细观察图 3-2-1 所示花瓶，想一想如果打印该花瓶，应该怎样在打印平台上摆放模型，并和同学们讨论一下用 3D 打印机打印模型时，在什么情况下必须添加支撑，在什么情况下没有必要添加支撑。

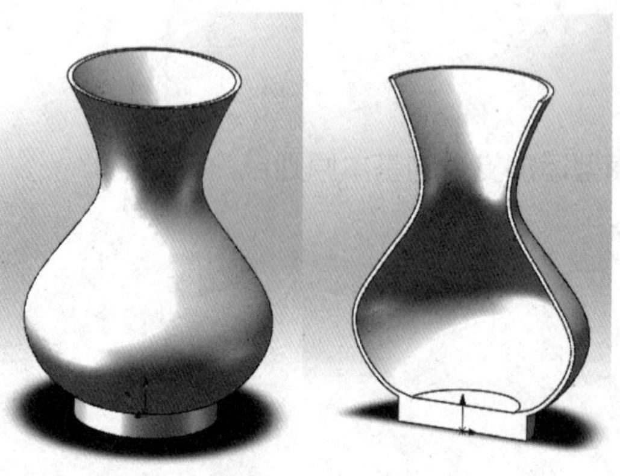

图 3-2-1　花瓶

2. 尝试自己或在老师的帮助下获取一个 STL 实体模型，并用 Cura 或其他分层软件对模型进行摆放、调整和分层，将操作过程中遇到的问题记录下来，通过与同学们讨论或咨询老师解决问题。

§3-3　3D 打印操作

一、填空题（将正确的答案填写在横线上）

1. FDM 打印材料性能的变化直接影响 FDM 打印的__________及成形件精度。

2. 一般来说，FDM 打印的分层厚度越小，打印成形件的________越小，表面质量也越好，但所需的分层处理和成形时间会变长。

3. FDM 打印机的喷嘴直径直接影响喷丝的粗细。一般喷丝越细，原型精度越________，但每层的加工路径会更密、更长，成形时间也就越长。

4. FDM 打印的工艺过程中，为了保证上下两层能够牢固地黏结，一般分层厚度应尽量小于_______________。

5. 喷嘴温度是指 FDM 打印过程中，打印机喷嘴_____________的温度。

6. FDM 打印过程中，打印机喷头温度应根据丝材的性质在一定范围内选择，以保证挤出的丝呈___________状态。

7. 为了顺利成形，FDM 打印的环境温度最好保持在________℃左右。

8. 使用打印机之前，应将适量润滑油涂抹在打印机的三个导轨上，以保证打印头顺滑移动，一般每隔________润滑一次。

9. 使用打印机之前，一般要求检查包裹在喷嘴外部的包装物，该包装物应为耐火陶瓷纤维织物和____________，以有效保证喷头温度恒定，提高出丝流畅性和一致性。

10. FDM 打印前的打印平台调平就是调整________和打印平台之间的距离。

11. 为防止 FDM 打印前的打印平台调平有误差，一般应调平________次。

12. 在使用 FDM 打印机的过程中，需要__________地对打印平台进行调平，从而校准打印机，特别是在打印机运输之后一定要调平。

13. 在 3D 打印机的打印过程中要勤观察，时刻掌握打印机的________、温度变化情况以及________________、打印头是否堵丝和丝杠的工作情况等，防止打印失败。

14. FDM 打印过程中，由于喷丝具有一定的宽度，有可能造成填充轮廓路径时的实际轮廓线超出理想轮廓线一些区域，因此，需要在生成轮廓路径时对理想轮廓线进行__________，该补偿值称为理想轮廓线的________。

15. FDM 打印过程中轮廓补偿值设置正确与否，直接影响着原型制件的尺寸精度和____________。

16. FDM 打印过程中，出丝延迟时间和断丝延迟时间设置不合理可能会出现拉丝太细、____________，甚至断丝、________的现象，或出现堆丝、积瘤等现象，严重影响原型的质量和精度。

17. 按照打印机的大小分类，3D 打印机可以分为________打印机和________打印机。

18. 按照打印头的数量分类，3D 打印机可以分为________打印机、________打印机和________打印机。

19. 按照打印色彩分类，3D 打印机可以分为________打印机、________打印机和________打印机等。

20. 3D 打印机的框架一般是________或________框架。

21. 3D 打印机的打印头主要由________、________、供丝器三部分构成，主要起加热溶解塑料丝及出丝的作用。

22. 3D 打印机喷嘴的直径一般为________mm 和________mm。

23. 供丝器也称为挤出机，主要是通过电动机的转动完成对打印丝的进丝和________。

24. 3D 打印机的控制面板是 3D 打印机的________部件，通过操作控制面板，可以进行相关的打印设置及操作，同时通过显示屏输出相对应的操作信息。

25. 3D 打印机的控制主板是 3D 打印机的核心部件，主要负责控制打印机三个轴的________和________，供丝器的供丝速度和温度，打印头的进丝、退丝，打印平台的温度等打印机参数。

二、判断题（正确的，在括号内打“√”；错误的，在括号内打“×”）

1. 目前，市面上的桌面 3D 打印设备可打印优良的金属零部件。（ ）
2. 3D 打印机可以自由移动，并制造出比自身体积还要庞大的物品。（ ）
3. 对于所有的增材制造工艺而言，层厚越小，成形零件精度越低。（ ）
4. 3D 打印模型在平台上的摆放形式对打印结果的影响不大。（ ）
5. 在设置打印模型的参数时，设置模型的壁厚越厚，模型的打印质量就越好。（ ）
6. 在用 FDM 型 3D 打印机打印模型时，ABS 材质的设置温度要比 PLA 材质的设置温度高。（ ）
7. 不论是 ABS 还是 PLA，因为打印丝材的熔融温度基本上是固定值，所以不同打印机设定的打印温度也是固定的。（ ）

三、选择题（将正确答案的选项填写在括号中）

1. 目前，市面上流行的各种各样的 3D 打印机中，精度最高、效率最高、售价也相对最高的是（ ）3D 打印机。

A. 工业级　　B. 个人级

C. 桌面级　　D. 专业级

2. 下列 FDM 技术的工作环节中，(　　) 环节存在一定的危险性。

A. 高温　　B. 激光　　C. 高压　　D. 高加工速度

3. 在用 FDM 设备打印制件的过程中，打印出来的模型底部产生翘曲变形的原因一般是 (　　)。

A. 设备托盘温度设置不合理或托盘表面处理不合理

B. 打印速度过快

C. 分层厚度不合理

D. 底板没有加热

4. 在用 FDM 设备打印制件的过程中，打印出来的模型出现错层情况与 (　　) 无关。

A. 传动带的松紧度　　B. 各移动轴轴承的松紧度不同

C. 喷头的堵塞程度　　D. 导轨润滑程度

5. 用 FDM 型 3D 打印机打印正常参数、常规非定制的 18 cm 月球灯时，估计需要用 (　　) 左右的时间比较合理。

A. 2 h　　B. 3 h　　C. 20 h　　D. 48 h

6. FDM 型 3D 打印机喷嘴不出丝，一般判断是 (　　) 的可能性较大。

A. 热敏电阻短路　　B. 加热棒短路

C. 电路板损坏　　D. 喷嘴喉管堵塞

7. 3D 打印机又称为 (　　)。

A. 激光打印机　　B. 三维打印机　　C. 喷墨打印机　　D. 针式打印机

四、简答题

1. 在使用 FDM 技术进行打印时，一般需要考虑哪些相关工艺参数?

2. 为什么在 FDM 打印过程中，要求控制喷嘴温度不能过高或过低?

3. FDM 型 3D 打印机在正式开始打印之前，除了准备能够打印的 3D 模型数据外，还需要准备哪些物品？（至少列举 5 种）

4. 操作 FDM 型 3D 打印机一般要求注意哪些事项？（至少列举 5 个）

5. 简述 FDM 型 3D 打印机在日常维护与保养过程中需要注意的问题。（至少列举 3 个）

五、综合实践题

1. 对照自己学校的桌面级 FDM 型 3D 打印机，分别指出该打印机各结构（表 3–3–1）在什么位置并填写其作用。

表 3–3–1　桌面级 FDM 型 3D 打印机的结构和作用

序号	结构	作用
1	打印头	
2	框架	
3	X 轴螺杆及电动机	

续表

序号	结构	作用
4	打印平台	
5	开关和电源插座	
6	SD 卡槽或 USB 接口	
7	挤出机排线	
8	导料管	
9	*Y* 轴螺杆及电动机	
10	控制面板或显示屏	
11	*Z* 轴螺杆及电动机	

2. 若要求给分层软件设定打印机的相关参数（表 3-3-2）并进行打印，你会将各参数设置为多少？理由是什么？（对照自己学校的桌面级 FDM 型 3D 打印机以及所使用的分层软件填写）

表 3-3-2　　打印机参数设置

序号	参数名称	参数数值	设置理由
1	丝材直径		
2	分层厚度		
3	喷嘴直径		
4	打印温度		
5	环境温度		
6	打印平台温度		
7	打印层厚		
8	打印壁厚		
9	打印速度		
10	填充密度		
11	支撑类型		
12	模型底座类型		
13	打印模型的预计完成时间		

3. 对照自己学校的桌面级 FDM 型 3D 打印机的结构特点，观摩教师的调平过程，记录打印机打印平台的调平步骤和注意事项（表 3-3-3）。

表 3-3-3　　打印机打印平台的调平步骤和注意事项

序号	调平步骤	注意事项
1		
2		
3		
4		
5		
6		
7		
8		
9		

§3-4　3D 打印后处理

一、填空题（将正确的答案填写在横线上）

1. 在3D打印模型后处理中，常见的打磨抛光技术有____________、珠光处理、____________、____________、_________等，其中以__________________最为常用。

2. 打磨一般分为粗打磨和精细打磨，粗打磨一般用____________，精细打磨一般用____________。

3. 常用的模型黏结胶水有____________、____________和热熔胶等。

4. 3D打印模型后处理中常用的补土材料有____________、保丽补土、原子灰、____________、____________等。

5. 珠光处理是指操作人员手持喷嘴朝着抛光对象高速喷射＿＿＿＿＿＿，从而达到抛光的效果。

6.＿＿＿＿＿＿是指将打印零部件放在蒸气罐内，由蒸气罐底部已经达到沸点的液体蒸气在几秒钟内将零件约 2 μm 厚的表层融化，使其达到光滑的目的。

7. 常用的模型上色工具有气泵、喷笔和＿＿＿＿＿＿等。

8. 常用的 3D 打印上色颜料有＿＿＿＿＿、＿＿＿＿＿、丙烯颜料和＿＿＿＿＿等。

9. 模型漆一般分为亚克力漆、＿＿＿＿＿＿、＿＿＿＿＿＿三种。

10. 亚克力漆又称为＿＿＿＿＿＿，其毒性＿＿＿＿＿，是模型涂装非常好的涂料。

11. 珐琅漆的干燥时间长，均匀性最好，适用于＿＿＿＿＿＿＿＿。

12. 硝基漆的挥发性高、干燥快、成膜性好，但＿＿＿＿＿＿最强，建议尽量使用环保颜料替代。

13. 丙烯颜料价格低，用水就可以＿＿＿＿＿＿，干燥速度快，色彩丰富，颜色艳丽，是模型涂装的不错选择。

14. 在模型上色过程中，喷面漆一般喷＿＿＿＿＿＿层，直至完全覆盖模型表面的底漆。

15. 光油保护的作用是形成高光或亚光效果的＿＿＿＿＿＿＿，保护面漆不氧化变色和脱漆起皮，延长面漆的使用寿命。

二、判断题（正确的，在括号内打“√”；错误的，在括号内打“×”）

1. 在砂纸打磨过程中先用砂纸目数大的，再用砂纸目数小的。（　　）

2. 光油保护的作用是使模型表面更加光滑。（　　）

3. 因为打磨机的打磨速度比手工打磨快，所以在打磨过程中应尽量使用打磨机进行打磨。（　　）

4. 亚克力漆的毒性小，是比较适合模型涂装的涂料。（　　）

5. 在上色过程中要穿戴好防护装备，如口罩、护目镜、手套等，防止上色过程中对人体产生危害。（　　）

三、选择题（将正确答案的选项填写在括号中）

1. FDM 技术成形件的后处理过程中最关键的步骤是（　　）。

A. 取出成形件　　B. 打磨成形件

C. 去除支撑部分　　D. 涂覆成形件

2. 补漆笔主要用来（　　）。

A. 涂色　　B. 勾勒模型上特别细小的细节部分

C. 进行模型签名　　D. 涂覆成形件

3. 在模型上色过程中一般用（　　）做底漆，使面漆喷在底漆的底面上，颜色更加纯正。

A. 白色　　B. 灰色　　C. 浅黄色　　D. 黄色

四、简答题

1. 为什么要对 3D 打印的模型进行后处理？

2. 3D 打印模型时常用的手工工具有哪些？（至少列举 5 种）

3. 3D 打印模型时常用的电工工具有哪些？（至少列举 5 种）

4. 3D 打印模型时常用的打印辅助材料有哪些？（至少列举 3 种）

5. 简述用自喷漆作为模型上色漆的优点。

6. 简述模型上色的步骤。

7. 简述 3D 打印模型后处理的注意事项。

五、综合实践题

利用已经打印好的模型练习后处理，并将后处理的步骤及各步骤的目的、所需工具和注意事项填入表 3-4-1 中。

表 3-4-1　　后处理的步骤及各步骤的目的、所需工具和注意事项

序号	后处理的步骤	目的、所需工具和注意事项
1	去除基面和支撑	（1）目的：________ （2）所需工具：________ ________ （3）注意事项：________ ________
2	补土	（1）目的：________ （2）所需工具：________ ________ （3）注意事项：________ ________
3	打磨抛光	（1）目的：________ （2）所需工具：________ ________ （3）注意事项：________ ________

续表

序号	后处理的步骤	目的、所需工具和注意事项
4	上色修饰	（1）目的：______ （2）所需工具：______ ______ （3）注意事项：______ ______

第四章　3D 打印造物初体验

§4-1　简单的正向三维建模及打印

一、填空题（将正确的答案填写在横线上）

1. 3D 打印________________是快速制造国家工程研究中心创新教育研究与培训基地针对青少年认知与动手能力而全新开发的一款教育应用型软件。

2. 一般 3D 打印机具有____________和____________两种功能。

二、判断题（正确的，在括号内打“√”；错误的，在括号内打“×”）

1. 3D One 中的平面网格帮助用户进行位置确定。（　　）

2. 3D One 软件用实体分割功能对模型进行分割处理，但不能将实体分成两个均等的模型。（　　）

3. 如果不进行模型数据的检测，则 STL 数据一定不适合打印。（　　）

4. 如果不能确定手工添加支撑是否满足打印要求，则利用软件自动添加支撑是一种不错的选择。（　　）

5. 不进行补土操作而多次进行喷漆上色操作，也能消除模型打印后形成的分层纹路，得到合格的模型。（　　）

6. 为了节约时间和材料，打底漆操作只进行一次即可。（　　）

三、选择题（将正确答案的选项填写在括号中）

1. 正向三维建模及 3D 打印过程的第一步便是（　　）建模。

A. 扫描原理　　B. 3D 建模软件

C. 探测原理　　D.VR 技术

2. 在 3D One 中滚动鼠标滚轮，可实现工作区的（　　）操作。

A. 移动　　B. 放大

C. 翻转　　D. 放大和缩小

3. 3D One 中的基本实体不包含（　　）。

A. 球体　　B. 圆柱体　　C. 圆锥　　D. 正方形

四、简答题

1. 列举 3D 打印创新教育课程平台的基本模块。（至少列举 5 种）

2. 简述简单的正向三维建模及打印流程。

五、综合实践题

正向设计打印手机支架

1. 任务准备

（1）检查着装是否规范。

检查结果：规范□　不规范□

（2）检查计算机（包括是否已安装 3D 打印所需的建模、分层、检测软件）、打印机是否符合使用要求。

检查结果：符合□　不符合□

2. 任务实施

（1）正向设计建模

利用三维设计软件在老师的帮助下按照图 4-1-1 所示的手机支架零件图绘制一个简易的手机支架。

也可以根据自己的爱好，参照图 4-1-2 所示的手机支架图，自行设计一个手机支架的实体模型，然后将它保存为 STL 格式文件，命名为“手机支架”。

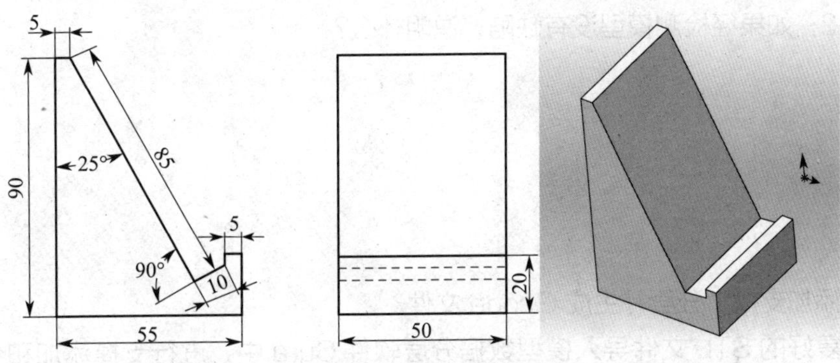

图 4-1-1　手机支架零件图

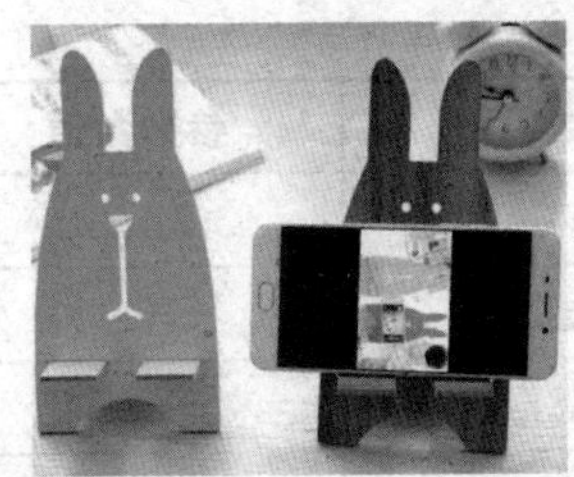

图 4-1-2　手机支架图

（2）模型数据检测

将名为“手机支架”的 STL 文件导入模型数据检测软件，检测模型是否存在数据错误，如果有，尝试修复前记录以下数据：

修复前反向三角面片：________个。

修复前坏边：________个。

修复前错误轮廓：________个。

修复前缝隙：________个。

修复前孔洞：________个。

修复前壳体：________个。

修复前重叠三角面片：________个。

修复前交叉三角面片：______________个。

思考 1：如果模型的缺陷较多而不进行检测和修复，可能在以后的分层和打印中出现什么结果？

思考 2：如果经检测模型没有缺陷，说明什么？

（3）添加支撑、分层并生成 Gcode 文件

将修复好的 STL 文件导入模型数据分层软件 Cura 中，进行支撑添加和分层，并填写表 4-1-1。

表 4-1-1　　分层参数

序号	参数名称	参数数值	序号	参数名称	参数数值
1	丝材直径		8	打印壁厚	
2	分层厚度		9	打印速度	
3	喷嘴直径		10	填充密度	
4	打印温度		11	填充速度	
5	环境温度		12	支撑类型	
6	打印平台温度		13	模型底座类型	
7	打印层厚		14	打印模型的预计完成时间	

思考 1：在实际操作过程中，如果不对 STL 文件进行检测和修复而直接使用 Cura 软件进行分层和打印，打印成功的可能性大吗？为什么？

思考 2：在将模型导入分层软件后进行分层时，想一想模型摆放应该注意些什么，尝试用自己的语言进行总结并记录下来。

（4）打印

将分层后的名为“手机支架”的 Gcode 文件导入打印机，执行打印操作并回答以下问题：

1）打印前准备的工具和辅助材料有哪些？其用途分别是什么？

2）为什么要将打印机放在一个固定、结实、平坦的平面上？

3）在打印过程中是否遇到了需要送丝和退丝的情况？如果有则记录送丝和退丝的过程并总结送丝和退丝过程中的注意事项。

4）打印平台是否调平：______________。

5）为什么调平一般调两次比较好？

6）采用离线打印还是联机打印：______________。

7）打印机是否已安装打印丝：______________。

8）预测打印丝是否足够：______________。

9）打印平台是否已涂抹防翘边胶水或采取其他防翘边处理：______________。

10）软件上预测的打印时间为：______________。

11）实际打印时间为：______________。

12）拆卸模型应注意哪些事项?

13）打印机的打印温度是固定数值吗? 如果不是，打印温度的设置一般会受到什么因素的影响?

（5）后处理

对上一步打印的模型进行后处理，并记录后处理的注意事项（表 4-1-2）。

表 4-1-2　后处理的步骤和注意事项

序号	后处理步骤	注意事项
1	去除基面和支撑	
2	补土	
3	打磨抛光	
4	上色修饰	

（6）问题和解决方法记录

仔细观察在模型打印和后处理过程中出现了哪些问题，是怎么解决的，记录出现的问题和解决方法（表 4-1-3）。

表 4-1-3　　打印和后处理过程中出现的问题和解决方法

序号	出现的问题	解决方法
1		
2		
3		
4		
5		

（7）评价与反馈

1）通过打印，你学会了什么？有什么体会？

2）向老师和同学们展示你所打印的模型，如果条件允许，将你使用该手机支架的照片打印出来粘贴在下方的空白处。

§4-2　简单的逆向扫描建模及打印

一、填空题（将正确的答案填写在横线上）

1. 标定板是一件__________的测量工具。

2. 使用标定板时应尽量__________进行操作。

3. 一般情况下，扫描仪对物体表面的材质要求不高，但__________及反光、__________等因素会对测量结果有一定的影响。

4. 利用三维扫描仪对物体进行扫描时，需要经过__________、多范围的扫描才能完成对被扫描工件的完整扫描。

5. 扫描系统要求在扫描过程中至少能摄取到__________个在之前扫描时提取出的标志点，同时要求这几个标志点尽可能__________、不对称。

二、判断题（正确的，在括号内打“√”；错误的，在括号内打“×”）

1. 每次启动三维扫描仪时都需要标定。（　　）

2. 周围环境的光线对标定板标定没有影响。（　　）

3. 由于三维扫描仪属于高精度非接触式测量仪器，因此，三维扫描对工件的状态基本上没有要求。（　　）

4. 因为最适合进行三维扫描的理想表面状况是亚光白色表面，所以显像剂喷涂得越多越好。（　　）

5. 在扫描过程中如果需要粘贴标志点，标志点必须粘贴在工件上。（　　）

6. CT 数据的重构需要操作者具有一定的医学知识。（　　）

三、选择题（将正确答案的选项填写在括号中）

1. 下列标志点粘贴图形中，符合粘贴要求的是（　　）。

A.　　B.　　C.　　D.

2. 下列选项中，（　　）不适合直接用三维扫描仪进行扫描。

A. 透明玻璃　　B. 鼠标　　C. 石膏雕塑　　D. 陶罐

3. 下列设备中，（　　）不能进行逆向数据获取。

A. 激光三维扫描仪　　B. 光栅三维扫描仪

C. 三坐标测量机　　D. 尼康照相机

四、简答题

1. 使用标定板对扫描仪进行标定时，为什么要求尽量戴手套进行操作？

2. 一般在什么情况下需要对三维扫描仪进行重新标定？

3. 在进行扫描仪标定时，什么样的被扫描物体需要喷粉？

4. 扫描被测物体前，在对被测物体进行贴点操作时应注意哪些问题？

5. 简述简单的逆向三维建模及打印流程。

6. 简述三维扫描仪的操作注意事项。

五、综合实践题

1. 对照自己学校的三维扫描仪，分别指出该三维扫描仪的结构名称及作用并填写表 4-2-1。

表 4-2-1　　三维扫描仪的结构名称及作用

序号	结构名称	作用
1		
2		
3		
4		
5		
6		
7		
8		
9		
10		

2. 对照自己学校的三维扫描仪，在该三维扫描仪说明书的指导下对三维扫描仪进行标定，写出标定顺序及注意事项并填写表 4-2-2。

表 4-2-2　　三维扫描仪的标定顺序及注意事项

序号	标定顺序	注意事项
1		
2		
3		
4		
5		
6		
7		
8		
9		
10		
11		
12		

3. 扫描环境对扫描结果有影响吗？如果有，哪些因素会影响扫描结果？

4. 扫描后的模型数据经过检测后都存在哪些问题？扫描数据的处理难点是什么？

5. 扫描数据的精度和扫描仪操作水平的高低有关系吗？谈谈你的看法。

6. 利用现有三维扫描设备进行扫描和扫描数据处理，将处理后的三维扫描数据保存为 STL 文件并尝试打印。

第五章　3D 打印的应用

§5-1　3D 打印与日常生活

一、填空题（将正确的答案填写在横线上）

1. 随着 3D 打印技术的飞速发展，3D 打印已经成为现实，并逐渐走入人们的生活中，在__________、__________、__________、__________等方面发挥着越来越重要的作用。

2. 目前，3D 打印珠宝首饰主要有两种方式，一种是______________，然后再进行翻模铸造；另一种是直接用贵金属打印首饰。

二、判断题（正确的，在括号内打“√”；错误的，在括号内打“×”）

1. 由于 3D 打印的珠宝模型精度不高，目前还不能在实际制造中使用。（　　）

2. 3D 打印玩具成本较高，目前还不能普及。（　　）

三、选择题（将正确答案的选项填写在括号中）

3D 打印机可以打印出（　　）。

A. 一只活的小猪　　B. 一块能吃的巧克力

C. 一棵能长高的大树　　D. 任何东西

四、简答题

简述 3D 打印在日常生活中的应用前景。

五、综合实践题

1. 搜集资料，看一看目前 3D 打印的食品有哪些。你认为 3D 打印的食品有什么优点？

2. 搜集资料，看一看目前 3D 打印的服饰有哪些。你认为 3D 打印的服饰有什么优点？如果可能，你会选择 3D 打印的服饰吗？

§ 5-2　3D 打印与生物医学

一、填空题（将正确的答案填写在横线上）

1. 目前，3D 打印技术在医学上的应用主要包括________________、________________、体外医疗器械、生物细胞等。

2. 目前，3D 打印的医学模型主要有____________________和医学教学用模型两种。

3. 近年来，基于 3D 打印技术个性化设计的手术导板已经被广泛运用到骨科、________________、口腔等手术中。

二、判断题（正确的，在括号内打“√”；错误的，在括号内打“×”）

1. 由于目前 3D 打印的义齿模型精度不高，还不能在实际制造中使用。（　　）

2. 3D 生物打印技术能够直接打印肝脏并进行手术移植。（　　）

3. 通过 3D 生物打印技术，利用患者自身的细胞基因为患者量身定制所需器官，可以有效地减少患者器官移植的排异问题。（　　）

三、选择题（将正确答案的选项填写在括号中）

1. 下列产品中，（　　）仅使用 3D 打印技术无法制作完成。

A. 首饰　　B. 手机　　C. 服装　　D. 义齿

2. 下列选项中，(　　) 不是促进 3D 打印技术在医疗领域应用的方法。

A. 加强医疗 3D 设计人才培养

B. 鼓励医学生学习 3D 打印技术

C. 中国药监局加快 3D 打印医疗审批

D. 努力降低 3D 打印的成本

E. 出台医疗 3D 打印相关标准

3. 全球范围内医疗 3D 打印的应用中，目前还无法实现的是 (　　)。

A. 金属 3D 打印钛合金骨科植入物

B. 彩色 3D 打印器官病灶模型演练

C. 树脂 3D 打印手术导板

D. 3D 打印人体心脏器官置换

E. 3D 打印金属牙冠

4. 下列选项中，(　　) 不属于 3D 打印在生物医学领域的应用。

A. 打印救护车零件　　B. 打印手术导板、骨骼、牙齿

C. 打印气管、血管、汗腺　　D. 打印肝肾心脏单元

四、简答题

1. 手术模拟用模型主要有哪些作用?

2. 简述 3D 打印骨骼植入物的特点。

3. 3D 打印人体器官的优点有哪些?

4. 简述 3D 打印技术在生物医学领域的应用前景。

五、综合实践题

1. 搜集资料，看一看目前 3D 打印应用到生物医学领域的案例有哪些。

2. 你认为 3D 打印牙齿或牙齿康复器械有什么优点？

§5-3　3D 打印与文化创意

一、填空题（将正确的答案填写在横线上）

1. 文化创意产业是主要包括____________、__________、传媒、表演艺术、工艺与设计、__________、环境艺术、服装设计等多方面的创意群体。

2. 用 3D 打印技术制作道具，制作流程短、速度快，几乎不受复杂程度的限制，制作成品适合近距离拍摄，进而提升了____________和____________。

3. 3D 打印道具制作____________、____________，一旦道具出现损坏，可及时进行修补或替换，对拍摄进度的影响小。

二、判断题（正确的，在括号内打“√”；错误的，在括号内打“×”）

1. 由于大多数艺术品的结构都较复杂，难以用 3D 打印技术进行复制。（　　）

2. 3D 打印的产品颜色单一，不适宜加工色彩艳丽的艺术品。（　　）

3. 利用 3D 打印技术进行文物数字化是文物保护的一种趋势。（　　）

三、选择题（将正确答案的选项填写在括号中）

下列选项中，(　　)不是 3D 打印技术在文化创意领域应用的优势。

A. 为文物创建独一无二的数字模型

B. 为艺术家提供更广阔的创作空间

C. 为普通人从事艺术创作提供了途径

D. 为抄袭和复制他人的作品提供了工具

四、简答题

1. 3D 打印复制文物为什么不会以假乱真扰乱文物收藏和文物市场？

2. 简述 3D 打印技术在文化创意领域的应用前景。

五、综合实践题

1. 搜集资料，看一看目前 3D 打印的雕塑有哪些。

2. 搜集资料，看一看哪些影视作品应用了 3D 打印技术。

§5-4　3D 打印与建筑

一、填空题（将正确的答案填写在横线上）

1. 目前，3D 打印技术在建筑领域的主要应用方式有两种，一种是打印建筑模型，另一种是直接打印＿＿＿＿＿＿＿。

2. 3D 打印出的建筑模型能更＿＿＿＿＿、＿＿＿＿＿、快捷地表达设计者的设计意图和设计思想。

3. 与传统的一砖一瓦的建筑方式相比，3D 打印的真实建筑具有＿＿＿＿＿＿、节省建筑材料、可以实现复杂建筑外形的设计等优点。

二、判断题（正确的，在括号内打“√”；错误的，在括号内打“×”）

1. 3D 打印的建筑相对传统建筑来说有很多弊端，所以不可能被大规模应用。（　　）

2. 3D 打印的建筑模型制作相对传统建筑模型制作来说具有成本低、立体性强、环保和制作精美的优点。（　　）

三、选择题（将正确答案的选项填写在括号中）

3D 打印技术在建筑行业的应用中，使用最广泛的领域是（　　）。

A. 建筑材料的生产　　B. 建筑装饰品和建筑模型的生产

C. 建筑机械的生产　　D. 整体建筑物的建造

四、简答题

简述 3D 打印技术在建筑领域的应用前景。

五、综合实践题

搜集资料，看一看我国有哪些 3D 打印的建筑。

§5-5　3D打印与汽车制造

一、填空题（将正确的答案填写在横线上）

1. 目前，3D打印技术在汽车领域的应用主要有3D打印______________、高价值汽车零部件、____________、____________、定制改装零部件等几个方面。

2. 在汽车原型制作过程中，3D打印汽车原型制作__________、还原度高，可以制造更加复杂和不规则的形状。

3. 金属3D打印技术可有效控制汽车模具的复杂度并完成模具复杂型腔的整体加工，既可降低____________，又可__________加工时间。

4. 采用3D打印技术制造____________的车身结构，可以在汽车承载力低的地方减少材料的使用，在承载力高的地方提高材料的密度，从而形成一辆轻质、高效的汽车。

5. 3D打印技术可以完全按照客户需求__________改装部件，如改装汽车的“大包围”等。

6. 在3D打印技术的推动下，整个汽车行业会向着__________、轻量化、便捷化、网络化和智能化的方向发展。

二、判断题（正确的，在括号内打“√”；错误的，在括号内打“×”）

1. 因为3D打印产品的强度较低，所以在汽车行业的应用较少。　　（　　）

2. 利用3D打印技术可以在老爷车修复中加工老爷车无法找到的零部件。　　（　　）

三、选择题（将正确答案的选项填写在括号中）

下列选项中，(　　) 不是3D打印技术在汽车制造领域中的应用。

A. 打印汽车零部件

B. 打印汽车原型件

C. 利用3D打印技术开发汽车轻量化车身

D. 为小朋友打印汽车模型

四、简答题

简述3D打印技术在汽车制造领域的应用前景。

五、综合实践题

搜集资料，看一看 3D 打印技术在汽车制造领域的应用有哪些。

§5-6 3D 打印与航空航天

一、填空题（将正确的答案填写在横线上）

1. 目前，3D 打印技术已经被大规模用于我国航母舰载机歼 -15、多用途战机歼 -16 以及民用大飞机__________上。

2. 2017 年 5 月 5 日，C919 试飞成功标志着我国在____________________上取得了成功。

3. 美国空客（Airbus）公司正利用 3D 打印技术来打造__________。

4. 在航空航天领域，__________通过特殊的轻量化结构设计，为实现轻量化提供了新的可行性。

二、判断题（正确的，在括号内打“√”；错误的，在括号内打“×”）

1. 目前，3D 打印技术可以打印航空发动机的所有零部件。（ ）

2. 3D 打印技术所具有的无模、快速、自由成形的特点能帮助缩短航空航天产品的研发和生产周期。（ ）

三、选择题（将正确答案的选项填写在括号中）

1. 下列选项中，（ ）不是 3D 打印在航空航天领域应用的瓶颈。

A. 材料有局限性

B. 工艺和标准尚未完善

C. 零部件考核验证周期长

D. 不能制造航空航天领域形状过于复杂的工件

2. 3D 打印技术在航空发动机维修中的优势不包括（ ）。

A. 提升零部件再制造能力　　B. 解决备件采购难题

C. 航天器应急抢修　　D. 材料局限性大

四、简答题

简述 3D 打印技术在航空航天领域的应用前景。

五、综合实践题

搜集资料，看一看 3D 打印在航空航天领域的应用有哪些。

§5-7 3D 打印与军工

一、填空题（将正确的答案填写在横线上）

1. 目前，3D 打印在军事领域的应用主要集中在________________和__________方面。

2. 某测绘信息中心将 3D 打印技术应用于地形图制作领域，于 2013 年 11 月成功研制出我国第一幅__________地形图——《兰州市区三维（3D）地形图》。

3. 我国西安交通大学、华中科技大学、空军装备部等单位联合研制的“战场环境__________维修保障系统”正在逐步应用于军队。

二、判断题（正确的，在括号内打“√”；错误的，在括号内打“×”）

1. 3D 打印技术可用于战场快速维修。（　）

2. 3D 打印的军事地形图制作精度高、周期短、成本低、携带和运输方便。（　）

三、简答题

3D 打印技术在军事领域的应用前景有哪些?

四、综合实践题

搜集资料，看一看 3D 打印技术在军事领域的应用有哪些。

§5-8　3D 打印与模具制造

一、填空题（将正确的答案填写在横线上）

1. 3D 打印技术在工业领域的应用除了直接打印金属件和机械验证的模型外，其主要应用领域是____________。

2. 目前，3D 打印快速模具制造可分为____________和____________两大类。

3. 3D 打印直接模具制造主要有________________和直接打印注塑模具两类。

4. 一般来说，3D 直接打印注塑模具只适合于打印________________和小批量产品的生产。

5. 3D 打印间接模具制造主要有________________________、金属电弧喷涂快速制模、________________________、金属树脂快速制模和等离子喷涂快速制模等。

6. 在制作硅橡胶模具的过程中，一般所需要的设备和材料有____________________、固化剂、__________、烘干机、模具原型等。

7. 金属电弧喷涂制模技术是一种基于________________、3D 打印、数控加工和材料科学技术的经济、快速的模具制造工艺，主要用于制作金属冲压模具、热压成形模具以及塑料模具等。

8. 与非金属材料模具相比，金属电弧喷涂快速制模的____________、耐磨性等大幅度提高。

9. 金属电弧喷涂快速制模是一种典型的快速制模技术，它具有____________、制作周期短、模具性能好、成本低、应用范围广等显著特点，特别适用于__________、多品种的生产。

10. 熔模铸造又称为______________，广泛应用于首饰、牙科、发动机制造等行业。

11. 与传统的熔模铸造相比，3D 打印熔模铸造的特点是__________，精度高，__________，适合多品种、小批量生产。

12. 等离子喷涂方法制作模具具有____________、可制作复杂外形、喷涂材料质量稳定、使用寿命长等特点。

13. 目前，3D 打印金属树脂快速制模被广泛应用于__________、家电、__________制作等领域。

14. 金属树脂快速制模具有______________、______________、强度高、适合中小批量生产等特点。

二、判断题（正确的，在括号内打“√”；错误的，在括号内打“×”）

1. 模具生产的发展水平是机械制造水平的重要标志之一，3D 打印在模具行业的应用在一定程度上促进了模具制造水平的提高。 （ ）

2. 3D 打印技术与模具技术的完美结合，充分发挥了 3D 打印技术可以制造任意形状且结构复杂零件的优势。 （ ）

3. 3D 打印的快速模具制造优势在于能为新产品开发、试制以及小批量生产提供快速、低成本的模具。 （ ）

4. 任何利用 3D 打印技术制造的模具都无法完成批量稍大产品的加工。 （ ）

5. 3D 打印技术制造砂型比传统方法制造砂型的速度更快、成本更低、精度更高。 （ ）

三、选择题（将正确答案的选项填写在括号中）

1. 下列选项中，（ ）不是 3D 打印砂型的特点。

A. 节约时间和成本　　B. 一体式制模精度高

C. 可制作复杂曲面铸型　　D. 适合大批量生产

2. 下列选项中，（ ）不是 3D 直接打印注塑模具的特点。

A. 适合小批量生产　　B. 适合中小尺寸零件的生产

C. 表面质量高　　D. 精度低、成本高、模具使用寿命短

3. 下列选项中，（ ）不是 3D 打印技术中硅橡胶快速制模的特点。

A. 制模设备成本低　　B. 模具制造速度快

C. 能承受较高的温度　　　　　　　　D. 精度低、成本高、模具使用寿命长

4. 下列选项中，(　　) 不是 3D 打印技术中金属电弧喷涂快速制模的特点。

A. 工艺复杂　　　　　　　　　　　　B. 制作周期短

C. 模具性能好、成本低　　　　　　　D. 应用范围广

5. 下列选项中，(　　) 不是 3D 打印熔模铸造技术的特点。

A. 模具制作速度快、精度高

B. 相同模具的一致性好

C. 适合多品种、小批量生产

D. 目前很难在实践中得到应用

四、简答题

1. 简述 3D 直接打印砂型的原理。

2. 简述 3D 直接打印注塑模具的原理。

3. 简述硅橡胶快速制模的原理。

4. 简述金属电弧喷涂制模的基本原理。

5. 简述 3D 打印熔模铸造的基本原理。

6. 简述金属树脂快速制模的原理。

7. 简述等离子喷涂快速制模的原理。

8. 简述 3D 打印技术在模具制造领域的应用前景。

五、综合实践题

搜集资料，看一看 3D 打印技术在模具制造领域的应用有哪些。

第六章　3D 打印的未来发展

§6-1　3D 打印的发展方向

一、填空题（将正确的答案填写在横线上）

1. 未来 3D 打印技术的发展，主要有________、创材和________三个方向。

2. 3D 打印技术的出现，开辟了不用刀具、模具等传统设备而制造____________形状零件的新途径，颠覆了传统的减材加工方式。

3. 3D 打印创形的发展方向主要有______________、提高产品精度、提升设计平台、提高加工效率、提高数据优化处理能力等。

4. 3D 打印技术的误差主要来源于___________、与工艺有关的误差和与材料有关的误差。

5. 在 3D 打印过程中，由于收缩引起的________会导致零件变形和翘曲。

6. 智能材料结构又称为____________，是在外界环境的刺激下能够做出相应反应的材料结构。

7. 智能材料结构具有模仿生物体的自增殖性、__________、自诊断性、自学习性和___________。

二、判断题（正确的，在括号内打“√”；错误的，在括号内打“×”）

1. 3D 打印耗材的品种丰富、种类齐全，常见的材料均可打印。（　　）

2. 3D 打印产品的性能和传统加工产品的性能基本一致，因此，3D 打印产品和传统机械加工的产品能够互换。（　　）

3. 目前，3D 打印材料没有一个系列化、标准化的 3D 打印材料标准，急需建立一套完善的 3D 打印材料标准，以促进 3D 打印技术的发展。（　　）

4. 目前，我国 3D 打印的材料有很多还依赖进口，这也是我国 3D 打印成本较高的原因之一。（　　）

5. 实现多种材料同时打印、增强设备的兼容性是 3D 打印材料发展的方向之一。（　　）

6. 目前，智能材料的传统制备方法严重限制了智能材料结构的发展与应用。（　　）

7. 3D 生物打印技术是 3D 打印技术的重要分支。（　　）

8. 利用 3D 打印技术成功实施术前规划、手术模拟等患者辅助临床治疗可以有效地节约手术时间。（　　）

9. 3D 打印干细胞、器官和 3D 打印体外微生理系统可能成为今后 3D 生物打印的方向。（　　）

三、选择题（将正确答案的选项填写在括号中）

1. 下列选项中，（　　）不是导致 3D 打印材料的成本居高不下的原因。

A. 经销商肆意加价　　B. 研究成本高

C. 技术不成熟

2. 下列选项中，（　　）不是 3D 打印材料的发展方向。

A. 开发高性能的 3D 打印金属材料

B. 提高 3D 打印用耗材生产通用化和专业化水平

C. 提高智能材料的应用水平

D. 限制智能材料的发展

四、简答题

1. 用 3D 打印来制造个性化需求高或难以用传统加工方法加工的复杂零部件有什么优势？

2. 3D 打印创形的主要发展方向有哪些？

3. 简述 3D 打印技术中快速成形数据处理的重要性。

4. 简述在 3D 打印材料的应用方面目前存在哪些不足。

5. 清华大学生物制造中心将生物 3D 打印划分为哪五个应用层级?

五、综合实践题

搜集资料或展开头脑风暴，想一想 3D 打印技术在未来还可能有哪些应用。

§ 6-2　3D 打印的发展趋势

一、填空题（将正确的答案填写在横线上）

2017 年 11 月 30 日，为推进我国________________快速、健康、持续发展，国家发布了《增材制造产业发展行动计划（2017—2020 年）》。

二、判断题（正确的，在括号内打“√”；错误的，在括号内打“×”）

1. STL 文件是 3D 打印的唯一数据文件。（　　）
2. 设计更加人性化、简单化的 3D 建模软件，使人们获得可打印数据的渠道和方式更为广泛，是未来 3D 打印技术发展的趋势之一。（　　）
3. 随着 3D 打印技术的发展，可选用的 3D 打印材料种类也越来越丰富。（　　）
4. 随着智能制造的进一步发展和成熟，3D 打印的成形质量必将取得更快的发展。（　　）
5. 随着 3D 打印技术的发展，未来 3D 打印作品会更加精细、精美，甚至无须上色、打磨、装配等后处理工序。（　　）

三、简答题

1. 未来 3D 打印技术的发展趋势有哪些？

2. 目前我国已经发布的与国家增材制造相关的政策有哪些？

四、综合实践题

搜集资料，看一看自 2019 年至今我国在 3D 打印技术发展方面已经取得了哪些成就。

§ 6-3 3D 打印的就业岗位

一、填空题（将正确的答案填写在横线上）

________________的主要工作内容是依据企业或客户要求，制订和参与企业产品开发计划，参与 3D 打印设备的系统研发工作，对新的研发设备进行调试，对原有的产品功能进行优化和对新入职技术人员进行培训。

二、判断题（正确的，在括号内打“√”；错误的，在括号内打“×”）

1. 由于 3D 打印相关行业的应用较少，3D 打印在今后的发展中没有前途。（ ）
2. 因为 3D 打印的精度不高，所以不需要进行成品检验。（ ）

三、选择题（将正确答案的选项填写在括号中）

1. 下列选项中，(　　) 不是 3D 打印研发工程师岗位的工作内容。

A. 3D 打印设备开发　　B. 3D 打印产品性能测试

C. 3D 打印设备功能优化　　D. 三维模型设计

2. 下列选项中，(　　) 不符合 3D 打印模型设计师的职业道德。

A. 关注行业发展动态，紧跟设计前沿

B. 善意地对客户设计中的不足给予提醒，力求给客户提供高质量的设计产品

C. 将客户的设计信息高价转卖

D. 进行三维模型设计

四、简答题

1. 3D 打印的就业岗位有哪些？

2. 3D 打印研发岗位的主要工作内容有哪些？

3. 3D 打印模型设计岗位的主要工作内容有哪些?

4. 3D 打印的生产和制造岗位主要有哪些?

5. 3D 打印从业人员一般有哪些任职能力要求?

五、综合实践题

未来你想从事与 3D 打印相关的哪个岗位？为了适应岗位要求，在今后的工作中你打算怎样提高自己的职业素养？